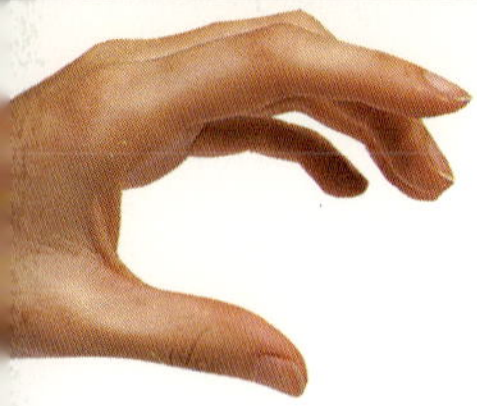

ATELIER SCIENCE

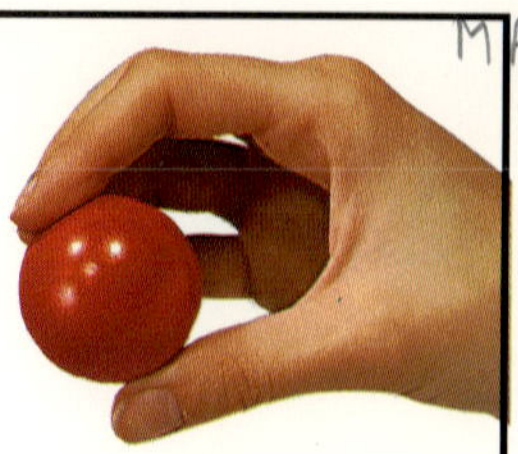

Le magnétisme

Pam Robson – Denis-Paul Mawet

Éditions Gamma – Les Éditions École Active

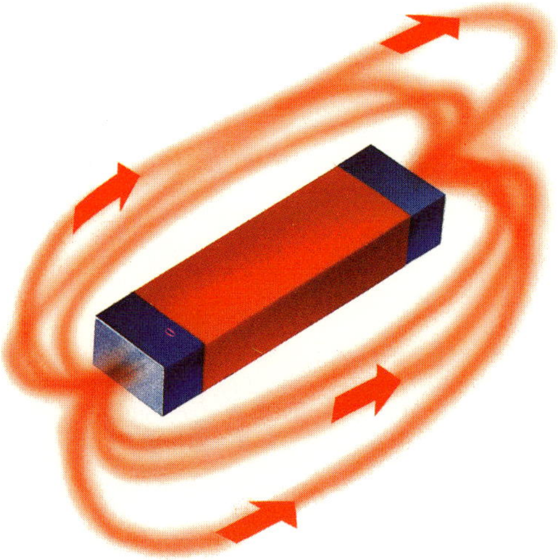

L'édition originale de cet ouvrage
a paru sous le titre: *Magnetism*

Adaptation française de Denis-Paul Mawet

D/1992/0195/73
ISBN 2-7130-1481-6
(édition originale: ISBN 0-7496-0934-6)

Exclusivité au Canada:
Les Éditions École Active
2244, rue Rouen, Montréal H2K 1L5
Dépôts légaux, 2e trimestre 1993
Bibliothèque nationale du Québec
Bibliothèque nationale du Canada
ISBN 2-89069-410-0

Imprimé en Belgique

Sommaire

Origine des photographies:
Toutes les photos de ce livre ont été réalisées par Roger Vlitos, sauf: page 18 (en haut): Mary Evans Picture Library; pages 20 (en haut) et 28 (en haut): Science Photo Library; page 22 (en haut à droite): Popperfoto.

Introduction

Le magnétisme est une force qui agit comme un aimant. Les aimants ne sont pas que des jouets qui servent à attirer les clous ou autres bouts de fer et d'acier. Le magnétisme nous entoure, et nous l'utilisons chaque jour. Les aimants sont de toutes formes et tailles. Il y en a dans les téléphones, les téléviseurs et les radios. Ils peuvent faire fonctionner des machines énormes, indiquer le nord, et attirer et repousser d'autres aimants. En fait, le monde a changé depuis la découverte du magnétisme. Autrefois, les gens pensaient que les aimants étaient dotés de pouvoirs mythiques et pouvaient guérir les maladies. C'est à l'époque où les marins apprirent à magnétiser l'aiguille d'une boussole que l'Âge de la Science débuta. Le pôle nord magnétique de la Terre fut localisé en 1831 par sir James Clark Ross, et presque cent ans plus tard, en 1909, le pôle sud magnétique put être situé grâce au parti mené par Lord Shackleton. De nos jours, nous en savons bien plus sur la Terre et le magnétisme. Nous nous basons même sur ce phénomène pour produire de grandes quantités d'électricité. En lisant ce livre, tu en sauras davantage sur le magnétisme et les aimants, et tu découvriras que ceux-ci peuvent aussi te procurer beaucoup de joie!

Introduction

Idées astucieuses pour des expériences supplémentaires

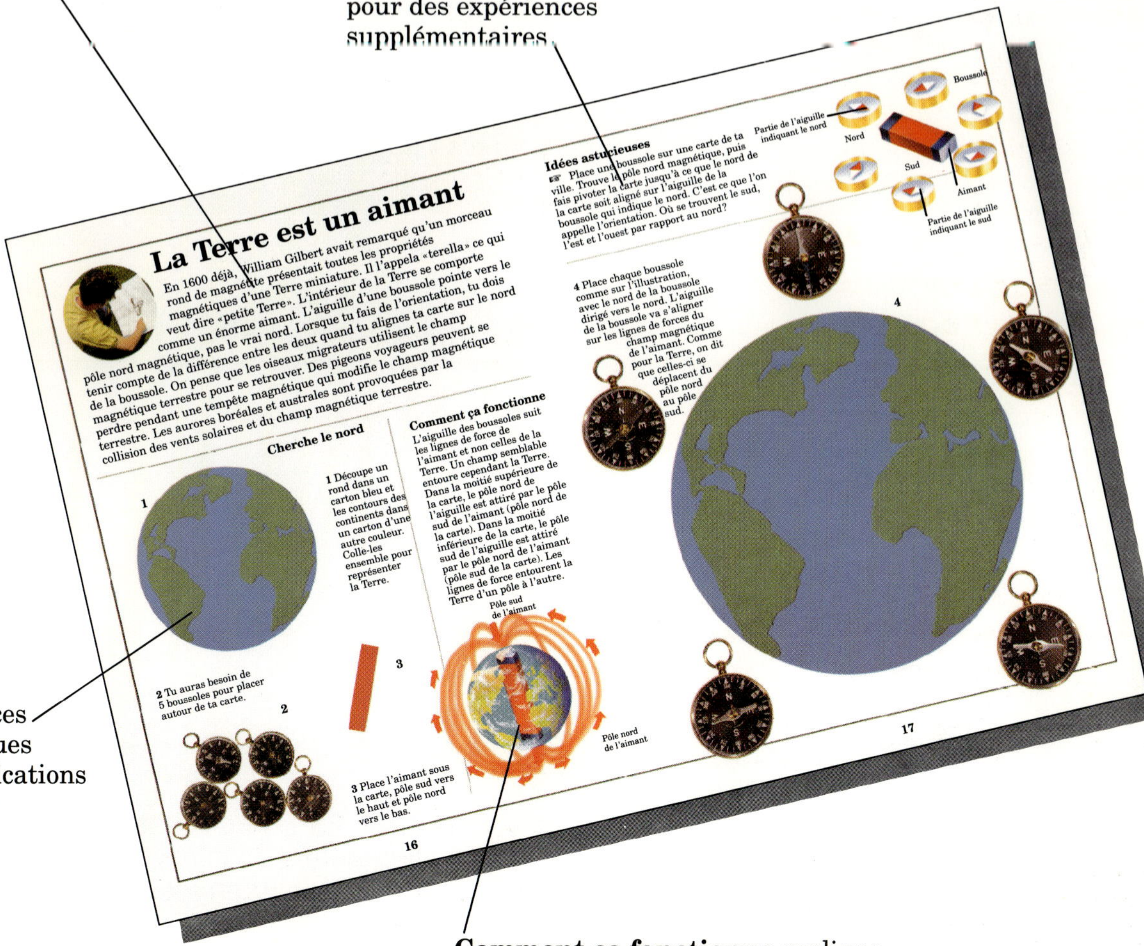

Expériences scientifiques avec applications pratiques

Comment ça fonctionne explique les principes scientifiques.

L'atelier

Un atelier scientifique est un endroit où l'on teste des idées, où l'on fait des expériences et des découvertes. Il n'est pas nécessaire de disposer d'appareils abracadabrants pour pouvoir prouver bien des faits scientifiques. En fait, tout ce dont tu as besoin pour un atelier de base peut être trouvé à l'école ou à la maison. Lis ces pages puis utilise ton imagination pour améliorer ton «laboratoire maison». Assure-toi de connaître les règles de sécurité et respecte l'environnement. Une expérience scientifique implique la connaissance de certaines règles dans le but de tester une hypothèse. Une approche qualitative implique l'observation, et une approche quantitative, la prise de mesures. Rappelle-toi que pour être un scientifique créatif, il faut continuer à expérimenter. Cela veut dire expérimenter des idées, mais aussi le matériel et construire ton atelier au fur et à mesure.

Les modèles

Avant de commencer, lis toutes les instructions, puis établis une liste du matériel dont tu as besoin. Ensuite, réfléchis à l'expérience pour avoir une idée claire de ce que tu dois faire. Tu verras, l'expérience marchera mieux si tu attends que la colle ou la peinture sèche. Si quelque chose ne va pas, reviens en arrière, et si cela ne s'arrange pas, reprends depuis le début. Tous les scientifiques font des erreurs, mais les meilleurs savent quand ils doivent recommencer.

Conseils généraux

Chaque expérience compte au moins deux parties: tester le matériel et vérifier les faits scientifiques. Si tu ne disposes pas de tout le matériel, essaie avec autre chose. Par exemple, utilise de la sciure ou des bandes de papier si tu ne trouves pas de sable. Quand l'expérience est terminée, relis tes notes et réfléchis sur ce qui s'est passé. Quelles sont les conclusions que tu peux en retirer?

Ta sécurité

Assure-toi qu'un adulte soit toujours au courant de ce que tu fais. Il peut être dangereux de limer un clou en fer pour obtenir de la limaille. Demande à un adulte de le faire pour toi. Pour les expériences faisant appel à l'électricité, utilise toujours une pile de 1,5 volts et pas l'électricité du réseau. Sois bien prudent quand tu utilises des ciseaux. Si tu renverses de l'eau, essuie-la immédiatement ; les surfaces glissantes peuvent être dangereuses. Nettoie ton atelier quand tu as fini !

L'expérience

Pour faire un test fiable, ne change jamais qu'une seule chose à la fois à chaque étape. Ainsi, tu pourras déterminer à quel changement les résultats sont dus. Prends des notes minutieuses au fur et à mesure que l'expérience se déroule et pose-toi des questions comme « pourquoi ? », « comment ? » et « que se passerait-il si ? ». Ensuite teste ton modèle et note tes réponses.

L'attraction magnétique

Les archéologues et les batteurs de grève se servent souvent de détecteurs de métaux pour localiser des objets ou des trésors enfouis. Les matières sont soit magnétiques, soit non magnétiques. La plupart des métaux, mais pas tous, sont magnétiques. Le fer est le plus magnétique de tous. Le nickel et le cobalt le sont aussi, tout comme les alliages ou mélanges de ces métaux. L'aluminium, le cuivre et l'or ne sont pas magnétiques. Les ferrites magnétiques (oxydes complexes contenant du fer) peuvent être utilisés pour fabriquer des aimants durs, comme les aimants décoratifs représentés ici. Ce sont des aimants permanents. Les aimants doux sont temporaires et faciles à magnétiser et démagnétiser. Les matières magnétiques peuvent être facilement séparées des autres. Lorsque des boîtes en aluminium sont recyclées, on les trie en utilisant un aimant.

Les secrets du sable

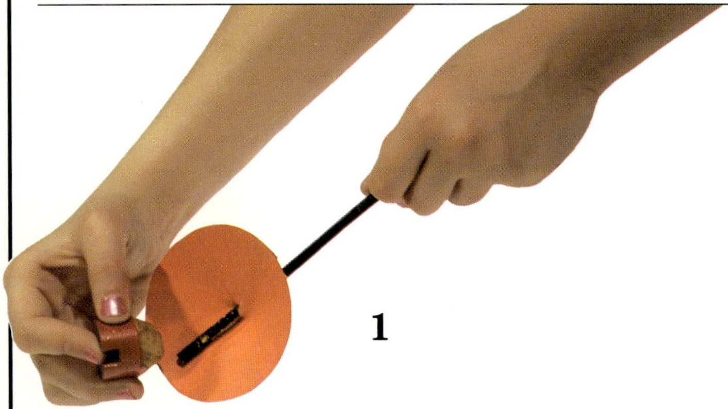

1

1 Découpe un cercle de 10 cm de diamètre dans du carton de couleur et fais une fente jusqu'au centre. Superpose les deux extrémités et colle afin d'obtenir un cône plat. Enfonce l'extrémité d'un bâtonnet dans le centre du cône et attache un petit aimant au bâtonnet à l'aide de pâte à modeler.

2 Maintiens le carton en attachant de petites bandes de papier au cône, et en les enroulant autour du bâtonnet. Décore le carton avec de la peinture ou du papier de couleur.

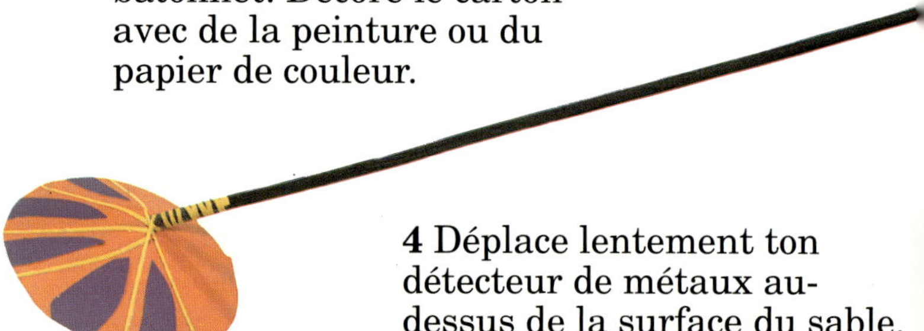

2

3 Remplis à moitié un plat peu profond avec du sable propre. Enfouis plusieurs objets dans le sable: métaux et non-métaux.

3

4 Déplace lentement ton détecteur de métaux au-dessus de la surface du sable. Essaie à des hauteurs différentes. Tu trouveras rapidement à quelle distance mettre ton bâtonnet pour attirer les objets.

Comment ça fonctionne

Un aimant placé près d'une matière magnétique exerce sur celle-ci une force qui en fait un aimant faible : c'est l'induction magnétique. Un aimant est constitué de domaines. Chaque domaine agit comme un mini-aimant. Dans un métal, les domaines ont des orientations différentes. Lorsqu'un aimant entre en contact avec un métal, les domaines s'alignent et le métal est magnétisé. Un aimant puissant peut agir sur de longues distances. Les objets que ton aimant attirera sont des aimants temporaires puisque les domaines qu'ils renferment s'alignent.

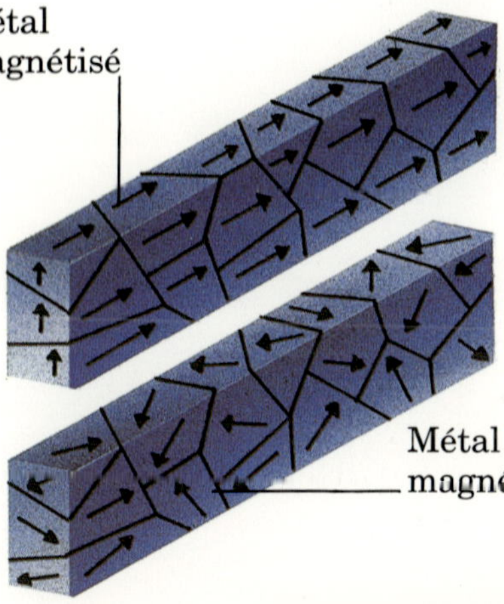

Idées astucieuses

☞ Devine quels objets ton aimant attirera. Tu auras sûrement des surprises ! À quelle distance dois-tu tenir l'aimant du sable pour qu'il attire des objets ? À quelle hauteur ne parvient-il plus à en attirer ? Note tes résultats.

☞ Quels objets ton aimant attire-t-il ? Lesquels sont toujours enfouis dans le sable ? Que cela signifie-t-il ? Certains des objets magnétiques gardent-ils leur magnétisme et attirent-ils à leur tour d'autres objets ?

☞ Essaie avec un autre type d'aimant. Peux-tu attirer plus d'objets avec celui-ci ? Que se passe-t-il si tu ajoutes plus de sable dans le plat ?

☞ Quels autres métaux ne sont pas magnétiques ? Rassemble quelques boîtes de boisson vides et trie-les à l'aide de ton aimant. Souviens-toi : l'aluminium n'est pas magnétique. Mets les boîtes au recyclage.

4

D'où vient le magnétisme?

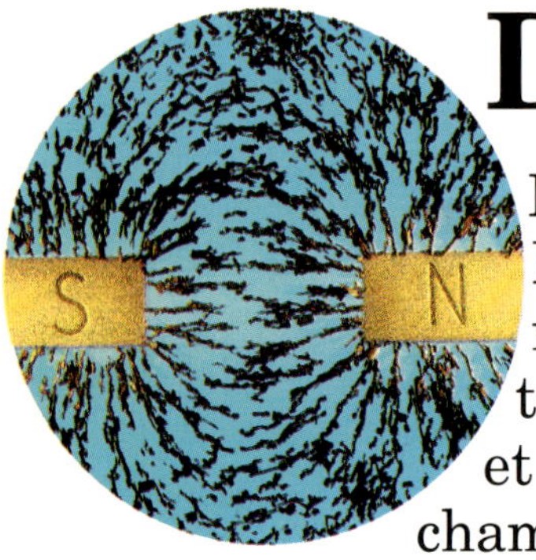

La magnétite est une ferrite naturellement magnétique. Les premiers aimants étaient obtenus en frottant des matières magnétiques avec de la magnétite. Il y a des aimants de toutes les formes et tailles : en forme de barre, de fer à cheval et de bouton, entre autres. Tout aimant est entouré par un champ magnétique. C'est là que le magnétisme se manifeste. Les endroits de l'aimant où le magnétisme est le plus fort sont appelés les pôles. Chaque aimant possède au moins deux pôles. Les pôles sont nommés en fonction de la direction dans laquelle ils pointent : soit nord, soit sud.

Limaille de fer

Les champs magnétiques

1 Place deux barres aimantées sous une feuille de papier, en veillant à poser les extrémités du papier sur un livre. Il faut que les pôles différents des deux aimants se fassent face.

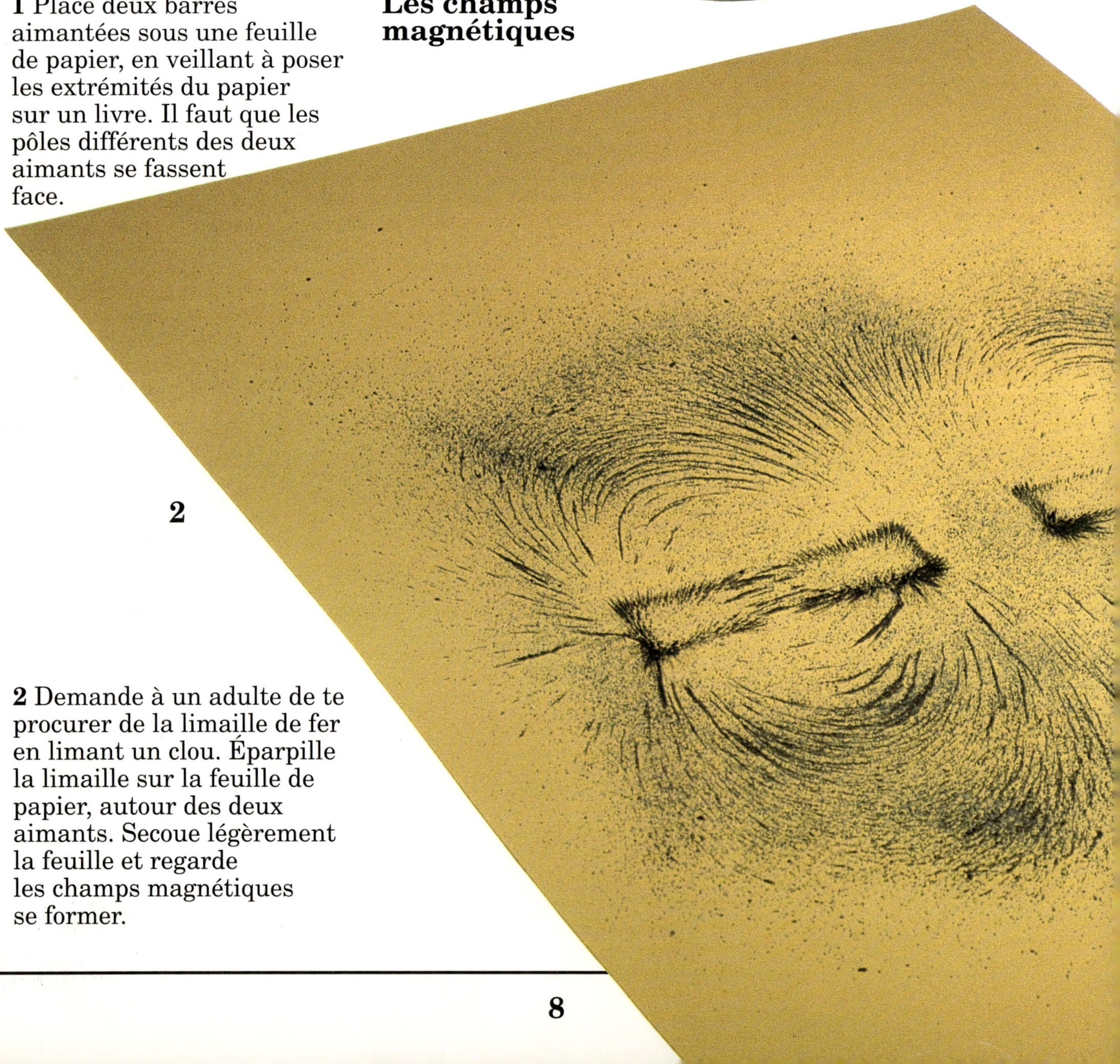

2

2 Demande à un adulte de te procurer de la limaille de fer en limant un clou. Éparpille la limaille sur la feuille de papier, autour des deux aimants. Secoue légèrement la feuille et regarde les champs magnétiques se former.

Comment ça fonctionne

Les lignes de force magnétiques vont du nord au sud. Elles sont plus fortes là où les lignes se rapprochent. Ceci indique où les pôles de l'aimant se situent. Tout comme les pôles se repoussent, par exemple deux pôles sud, les champs magnétiques se repoussent également. À mesure que la limaille est magnétisée, elle est attirée dans le champ magnétique, montrant ainsi les lignes de force qui entourent l'aimant.

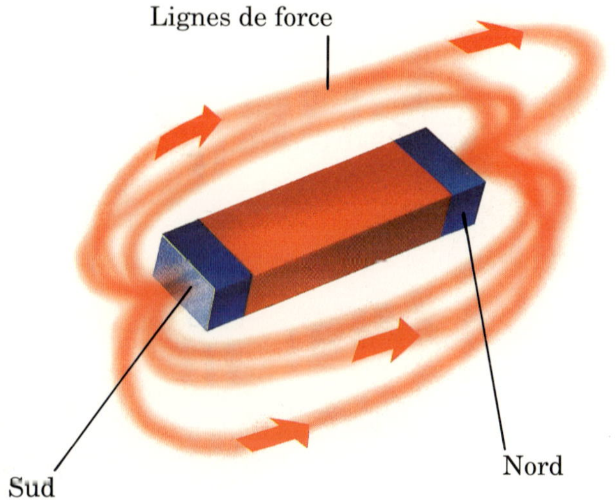

Idées astucieuses

☞ Déplace les deux aimants de sorte que les pôles semblables se fassent face. Que remarques-tu à propos de la forme des champs magnétiques?

☞ Répète l'expérience avec des aimants de formes différentes et observe le comportement des champs magnétiques.

☞ Frappe un aimant à l'aide d'un marteau. Quel effet cela produit-il sur l'aimant? Peux-tu encore montrer ses champs magnétiques avec la limaille de fer?

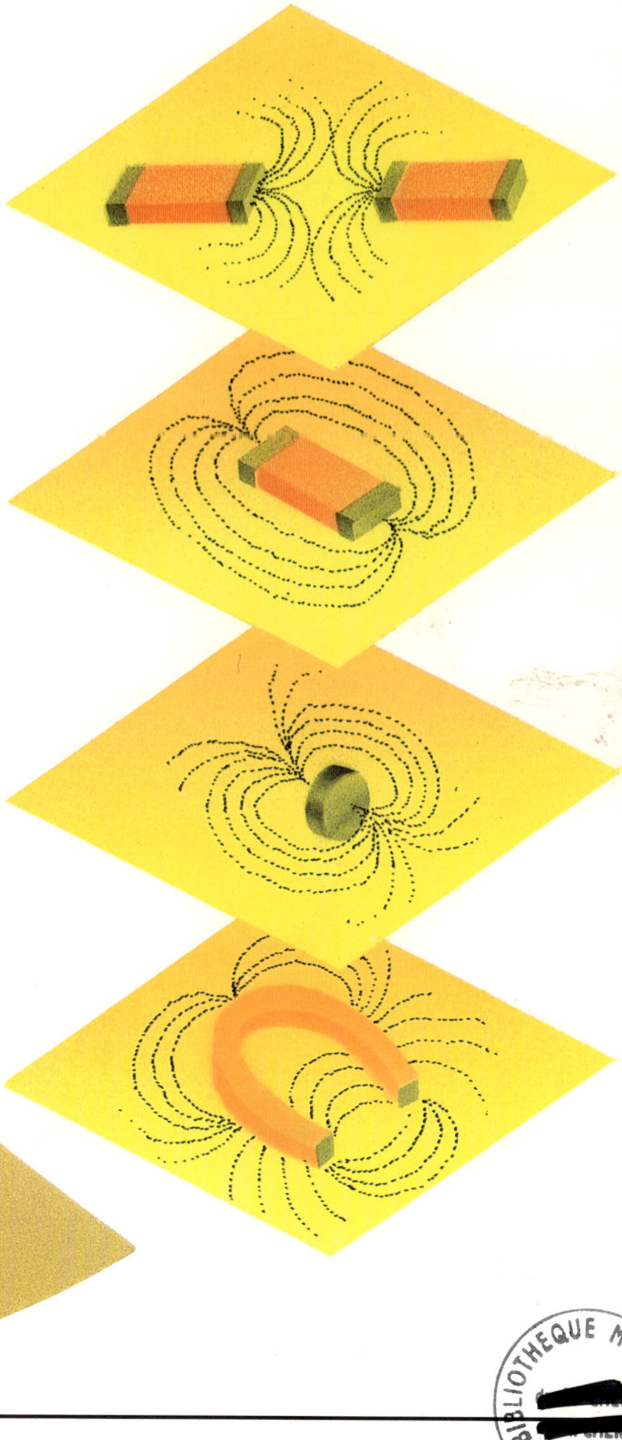

Les champs magnétiques

L'espace entourant un aimant permanent, dans lequel les effets de celui-ci peuvent être sentis, s'appelle un champ magnétique. Un aimant permanent exerce une force qui agit à une certaine distance, dans toutes les directions. Ces lignes invisibles ressemblent à des boucles fermées, dont une partie se trouverait à l'intérieur de l'aimant. Les lignes de force ne se touchent ni ne se croisent. Tu as déjà vu comment la limaille de fer donne une image plate d'un champ magnétique. Un champ magnétique peut faire bouger l'aiguille d'une boussole, aiguille qui est elle-même une barre aimantée. La présence d'un aimant près d'équipements électriques peut provoquer des dégâts. Les champs magnétiques sont conçus pour éviter ces problèmes. Démontre la nature tridimensionnelle d'un champ magnétique.

Les champs et l'huile

1 Prends un récipient transparent et remplis-le presque entièrement d'un liquide clair et épais (huile de cuisine, glycérine, etc.). Verses-y de la limaille de fer et remue doucement le mélange pour répartir la limaille.

1

2 Place maintenant une barre aimantée sous le récipient et laisse la limaille se mettre en place. Tu pourras observer le champ magnétique de l'aimant matérialisé par la figure tridimensionnelle formée par la limaille de fer.

Idées astucieuses

☞ Essaie de placer un aimant en fer à cheval contre la paroi du récipient. Quel effet cela a-t-il sur la limaille? Où les lignes de force sont-elles le plus rapprochées?

Comment ça fonctionne

Quand elle est placée dans le champ magnétique, la limaille devient un aimant temporaire et se rassemble aux endroits où le champ est le plus puissant. L'huile soutient la limaille et l'aide à former l'image du champ. Les lignes de force d'un champ magnétique vont du nord au sud.
Tous les aimants ont un pôle nord et un pôle sud comme la Terre. Comme tu peux le voir grâce à la forme qui apparaît dans l'huile, les lignes de force sont plus rapprochées aux pôles. C'est là que le champ est le plus puissant et c'est au centre de l'aimant qu'il l'est le moins.

2

Attraction et répulsion

Un aimant peut indifféremment attirer ou repousser un autre aimant placé dans son champ magnétique. Si deux objets métalliques s'attirent, il est difficile de dire lequel est l'aimant. La seule manière efficace de tester un aimant est de voir si il est repoussé par un autre aimant. Une barre aimantée possède deux pôles, un «sud» et un «nord». Si l'on brise une barre aimantée en son milieu, deux nouveaux pôles vont apparaître aux extrémités brisées. Puisque nous savons que des pôles de même nature se repoussent, il est tout à fait paradoxal d'appeler «pôle nord» la pointe de l'aiguille d'une boussole qui est attirée par le nord géographique. En utilisant les lois de l'attraction et de la répulsion, tu peux déplacer une voiture sur le circuit. L'attraction et la répulsion de deux aimants devraient être suffisantes pour tirer et pousser la voiture.
Gagneras-tu la course?

La course

1

1 Fixe solidement un aimant sur le toit d'une voiture miniature avec une bande adhésive solide. Assure-toi que l'aimant est bien en équilibre.

2 Découpe un circuit dans du papier gris et colle-le sur une feuille de papier vert. Fais attention aux boursouflures. Ajoute quelques arbres.

2

3 Place la voiture sur la piste et tiens un aimant près de l'aimant placé sur le toit de la voiture. Si la voiture recule, retourne l'aimant que tu tiens. Tu peux pousser ou tirer la voiture autour du circuit en plaçant l'aimant en différents endroits.

3

Comment ça fonctionne

Les aimants peuvent «pousser» ou «tirer» parce que les pôles de même nature se repoussent et ceux de nature différente s'attirent. Cette attraction et cette répulsion sont suffisamment fortes pour déplacer la voiture sur le circuit. Le point où les champs magnétiques de deux aimants dont les pôles de même nature se font face s'annulent, est appelé point neutre. La répulsion entre deux pôles de même nature est si forte qu'il est impossible de les accoler. Cette force magnétique peut être utilisée pour pousser la voiture le long de la piste.

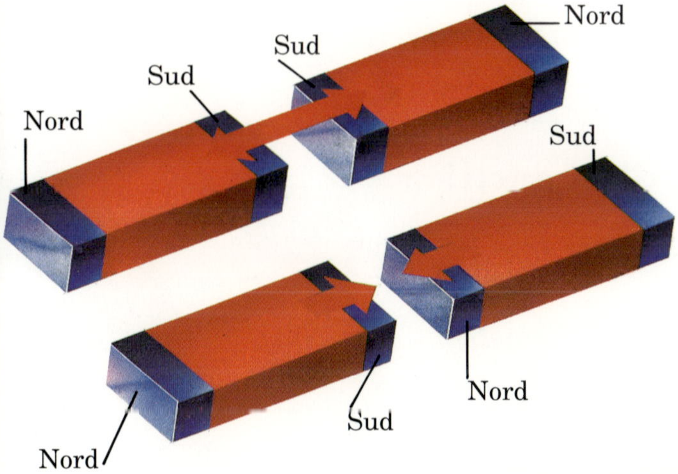

Idées astucieuses

☞ Suspends un petit aimant au-dessus d'une aiguille attachée par un fil à une surface plane et observe l'aiguille s'élever dans les airs.

☞ Attache deux barres aimantées chacune à un fil et place-les l'une à côté de l'autre. Tu les verras se déplacer sous l'effet de la répulsion de leurs pôles de même nature.

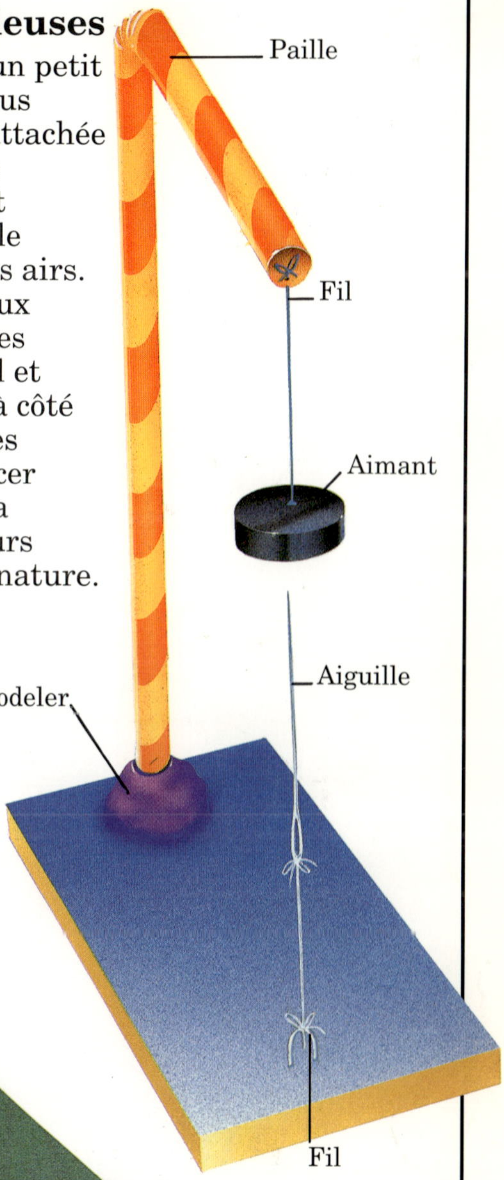

Le magnétisme voyage

La force magnétique peut traverser de nombreuses substances dont l'eau. Les trésors reposant sur les fonds marins peuvent être détectés par des plongeurs équipés d'un appareil appelé magnétomètre. Cela fonctionne également à travers d'autres matières non magnétiques (tu as déjà vu que les lignes de force magnétiques peuvent traverser du papier pour affecter de la limaille de fer). D'après toi, quels sont les autres matériaux que le magnétisme peut traverser? Comme des aimants aussi minuscules que des poussières sont utilisés pour enregistrer les images et le son sur les bandes magnétiques et les disquettes, un champ magnétique peut en altérer la qualité. On ne peut en limiter les effets qu'en plaçant dans le champ du premier, un autre objet magnétique qui fera office de bouclier.

C'est parti!

1 Découpe deux joueurs avec leur bâton dans du carton et colorie-les avec des couleurs différentes. Attache un petit aimant derrière chaque bâton avec de la pâte à modeler.

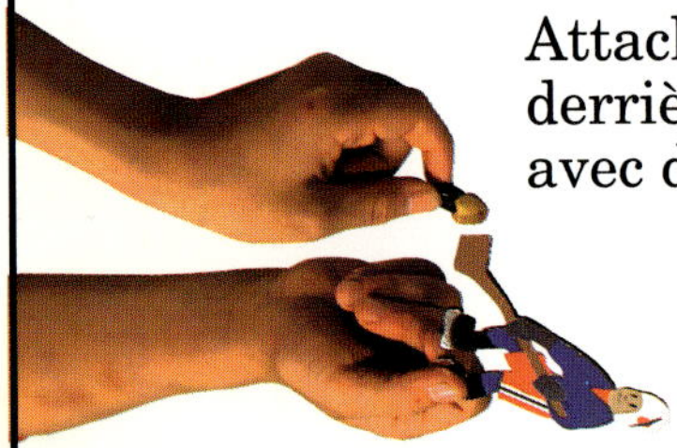

1

2 Attache fermement une barre aimantée à l'extrémité de deux longs bâtons que tu pourras passer en dessous du terrain pour déplacer les joueurs.

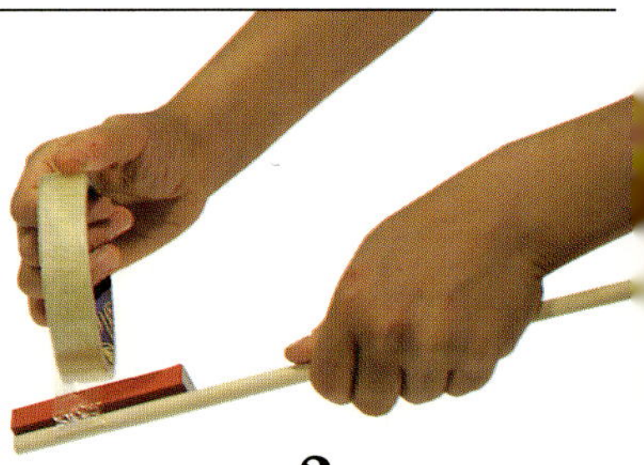

2

3 Tu peux faire ton terrain avec un couvercle en carton placé sur quatre pieds de bois. Plie deux bandes de carton pour faire les buts. Réalise la bande centrale et les demi-cercles des buts avec une bande adhésive de couleur. Chacun met son joueur en position l'un en face de l'autre et il ne reste plus qu'à marquer des buts.

3

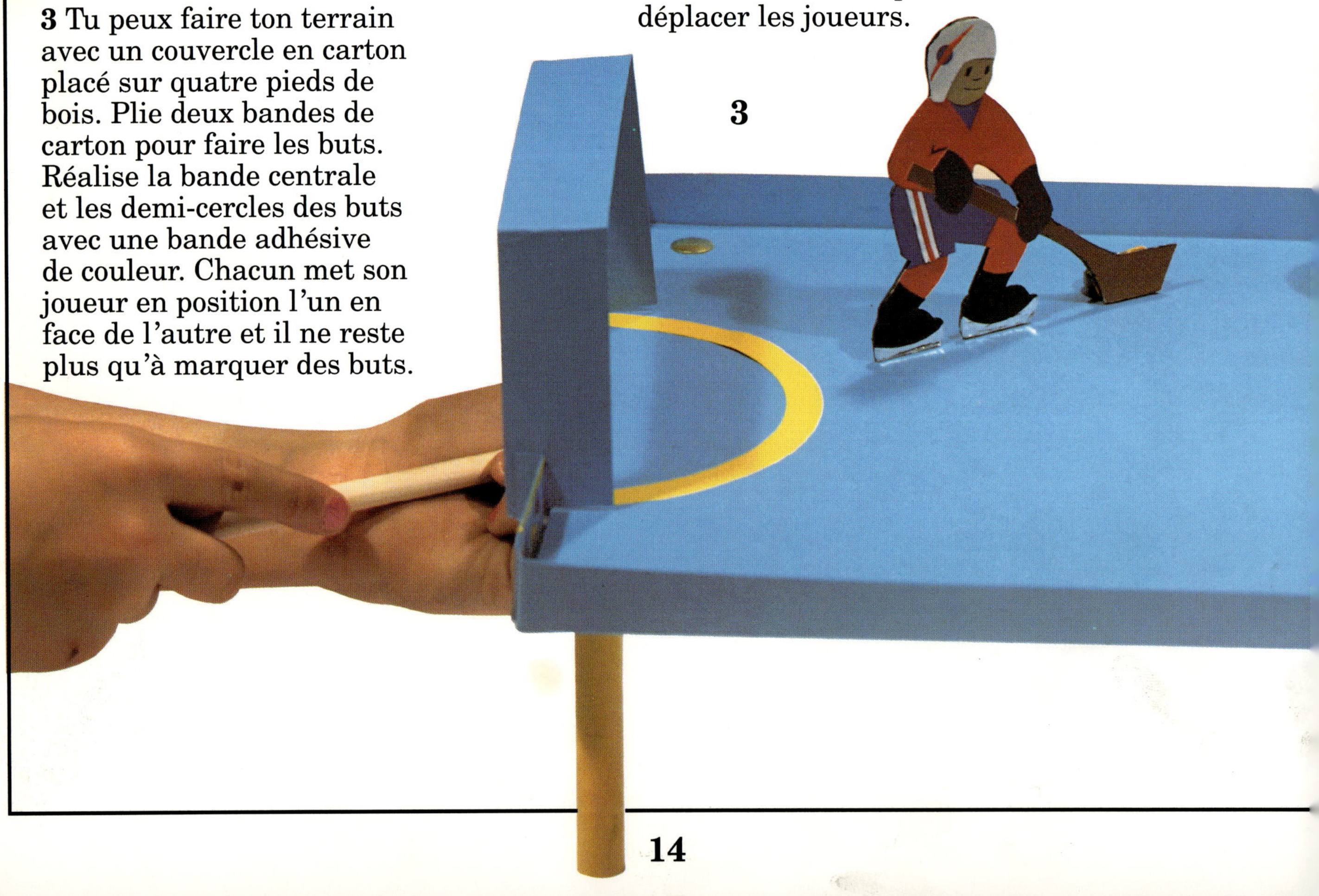

Comment ça fonctionne

Les matériaux non magnétiques n'arrêtent pas le passage d'un champ magnétique. Le carton n'est pas magnétique et le champ magnétique le traverse. La distance est importante car si l'aimant est trop éloigné ou si le matériau non magnétique est trop épais, l'effet de l'aimant ne se fera pas ressentir. Certains aimants sont plus puissants que d'autres. Plus un aimant est faible, plus le matériau magnétique doit être rapproché. Un aimant puissant peut être placé plus loin parce que son champ magnétique est plus étendu.

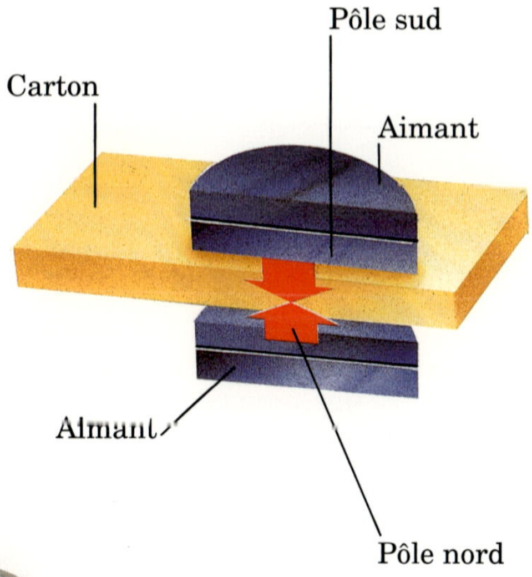

Idées astucieuses

☞ Remplis un récipient en plastique avec de l'eau après avoir fixé un trombone avec de la pâte à modeler dans le fond. Prends un trombone et fais-en un crochet que tu planteras dans un bouchon. En utilisant un aimant placé contre la paroi du récipient, essaie d'attirer le bouchon et de l'ancrer au trombone. Teste d'autres matériaux : le verre, le bois, la porcelaine.

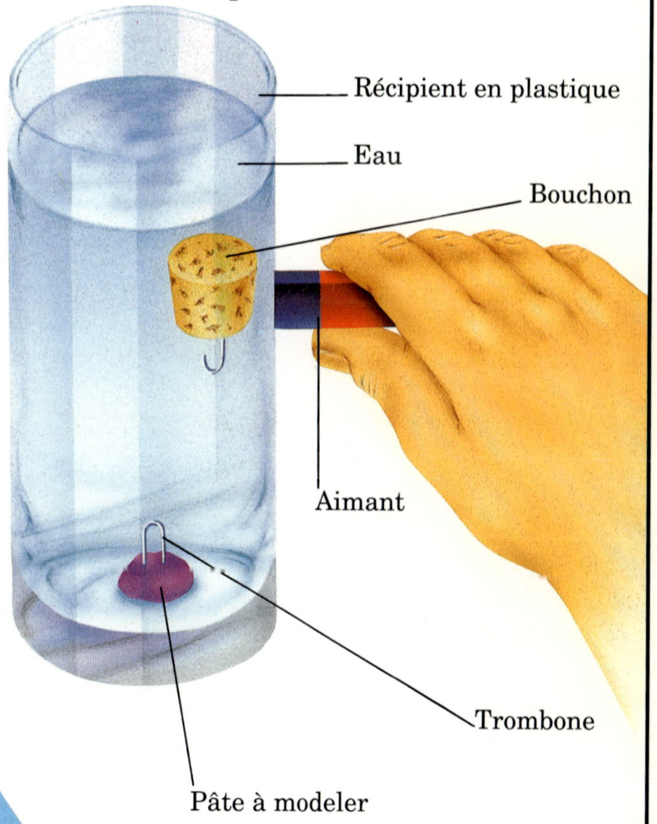

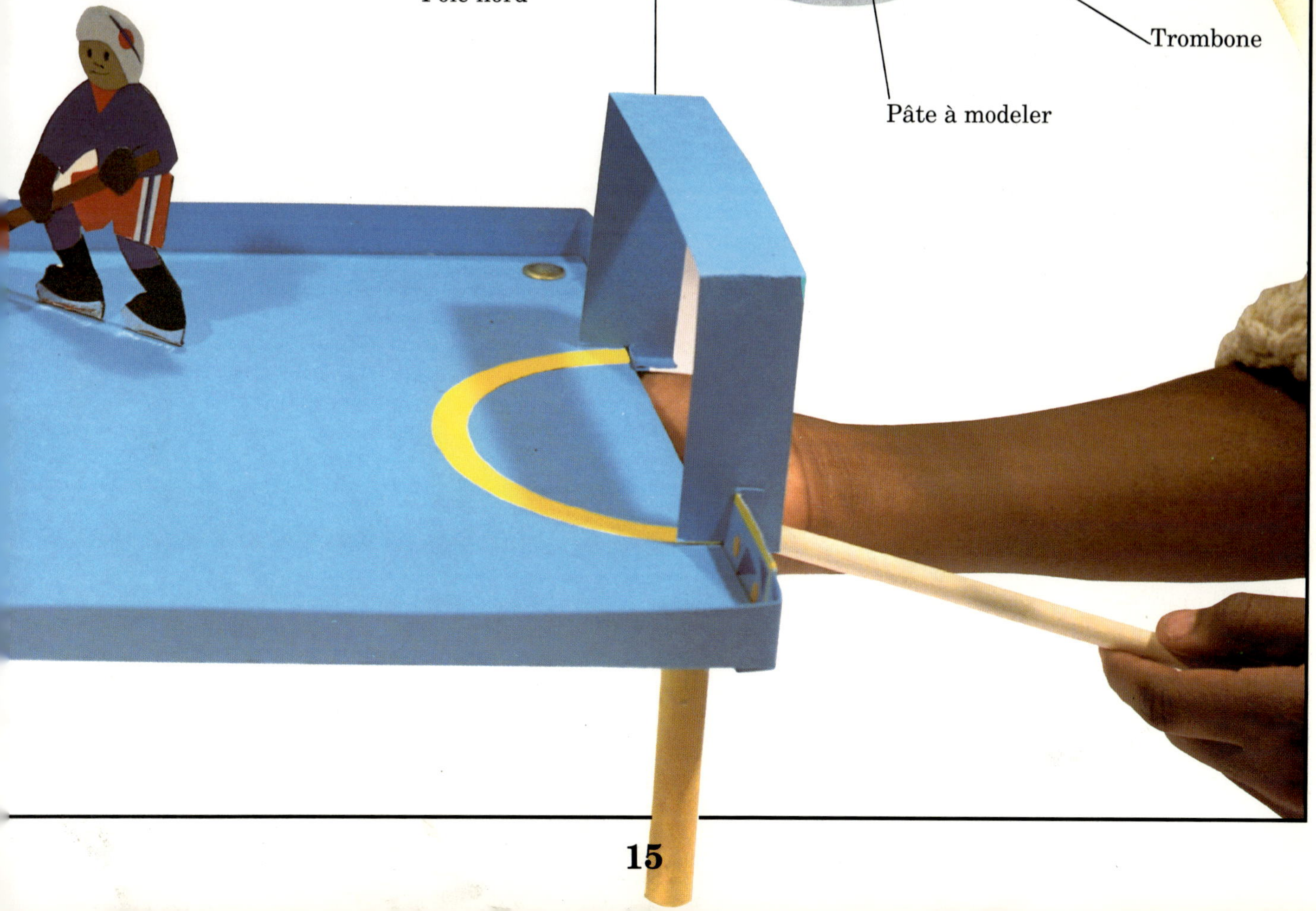

La Terre est un aimant

En 1600 déjà, William Gilbert avait remarqué qu'un morceau rond de magnétite présentait toutes les propriétés magnétiques d'une Terre miniature. Il l'appela «terella» ce qui veut dire «petite Terre». L'intérieur de la Terre se comporte comme un énorme aimant. L'aiguille d'une boussole pointe vers le pôle nord magnétique, pas le vrai nord. Lorsque tu fais de l'orientation, tu dois tenir compte de la différence entre les deux quand tu alignes ta carte sur le nord de la boussole. On pense que les oiseaux migrateurs utilisent le champ magnétique terrestre pour se retrouver. Des pigeons voyageurs peuvent se perdre pendant une tempête magnétique qui modifie le champ magnétique terrestre. Les aurores boréales et australes sont provoquées par la collision des vents solaires et du champ magnétique terrestre.

Cherche le nord

1

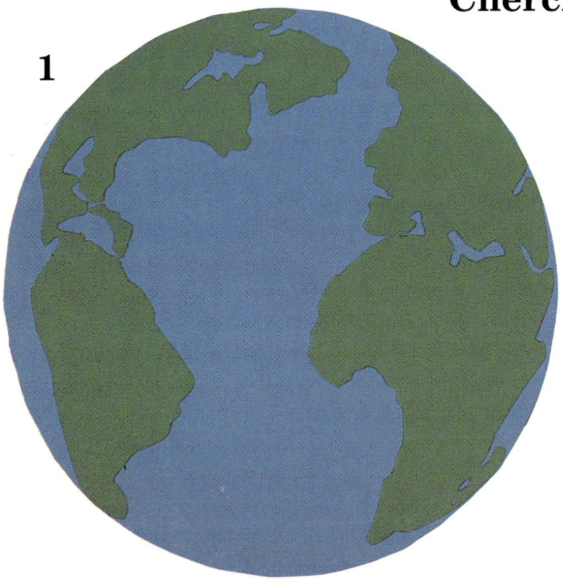

1 Découpe un rond dans un carton bleu et les contours des continents dans un carton d'une autre couleur. Colle-les ensemble pour représenter la Terre.

2 Tu auras besoin de 5 boussoles pour placer autour de ta carte.

2

3

3 Place l'aimant sous la carte, pôle sud vers le haut et pôle nord vers le bas.

Comment ça fonctionne

L'aiguille des boussoles suit les lignes de force de l'aimant et non celles de la Terre. Un champ semblable entoure cependant la Terre. Dans la moitié supérieure de la carte, le pôle nord de l'aiguille est attiré par le pôle sud de l'aimant (pôle nord de la carte). Dans la moitié inférieure de la carte, le pôle sud de l'aiguille est attiré par le pôle nord de l'aimant (pôle sud de la carte). Les lignes de force entourent la Terre d'un pôle à l'autre.

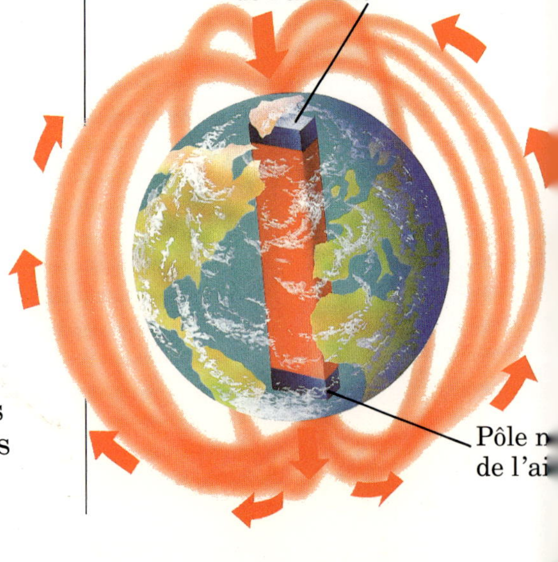

Idées astucieuses

☞ Place une boussole sur une carte de ta ville. Trouve le pôle nord magnétique, puis fais pivoter la carte jusqu'à ce que le nord de la carte soit aligné sur l'aiguille de la boussole qui indique le nord. C'est ce que l'on appelle l'orientation. Où se trouvent le sud, l'est et l'ouest par rapport au nord?

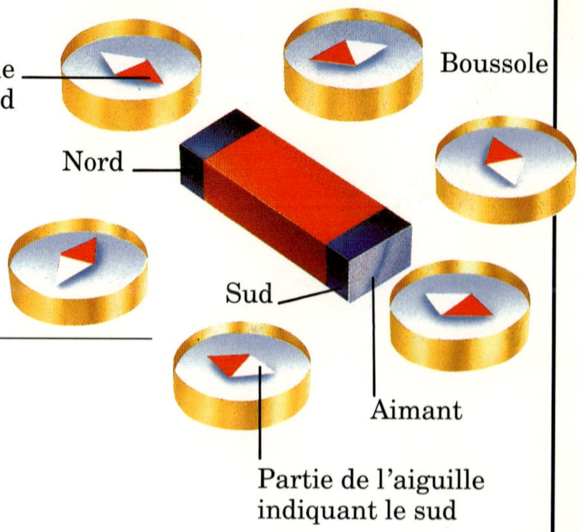

4 Place chaque boussole comme sur l'illustration, avec le nord de la boussole dirigé vers le nord. L'aiguille de la boussole va s'aligner sur les lignes de forces du champ magnétique de l'aimant. Comme pour la Terre, on dit que celles-ci se déplacent du pôle nord au pôle sud.

4

En suivant les aimants

Il y a presque 2 000 ans, les Chinois savaient déjà faire une boussole simple en suspendant un long morceau mince de magnétite. Plus tard, les marins ont utilisé la magnétite pour magnétiser l'aiguille de la boussole des navires. Au 11e siècle, les Chinois utilisaient la boussole. L'explorateur italien Amerigo Vespucci, dont le nom a été donné par erreur à l'Amérique, avait assimilé le concept d'un pôle nord magnétique, mais il n'a pas été complètement accepté avant le 16e siècle. La navigation de Christophe Colomb n'était pas très précise parce qu'il ne pouvait pas interpréter précisément les informations de sa boussole, probablement à cause d'interférences magnétiques. De nos jours, la plupart des grands navires disposent de gyrocompas qui donnent la position en fonction du nord vrai.

Bricole une boussole

1 Tu as besoin d'une assiette, d'un bouchon de liège, d'un aimant et d'une aiguille en acier. Remplis l'assiette à moitié avec de l'eau propre. Frotte ensuite l'aiguille au moins 50 fois avec l'aimant. Tiens toujours l'aimant du même côté et déplace-le chaque fois dans le même sens.

2 L'aiguille étant en acier, elle est maintenant magnétisée de façon permanente. Passe-la à travers le bouchon de manière à ce que celui-ci flotte en équilibre sur l'eau. Laisse l'eau se calmer. L'aiguille va s'aligner sur le pôle nord magnétique et l'indiquer. Assure-toi qu'il n'y ait pas de matériaux magnétiques tout près.

1

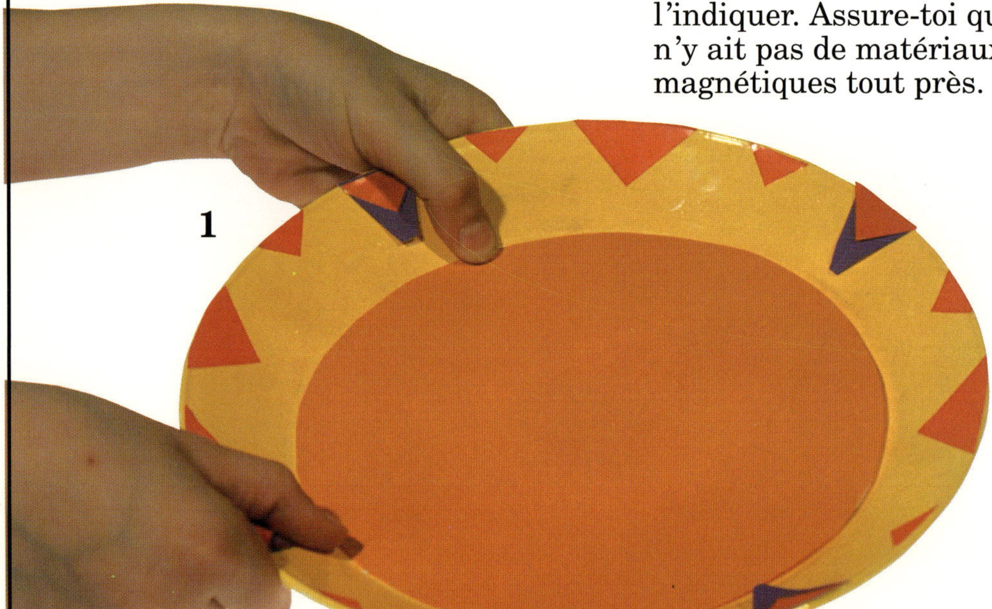

2

Comment ça fonctionne

Frotte un aimant sur une aiguille: les domaines de celles-ci s'alignent. L'aiguille devient aimant. Tout aimant auquel on permet de se déplacer librement s'alignera sur une droite nord-sud: son pôle nord est attiré par le pôle nord magnétique de la Terre.

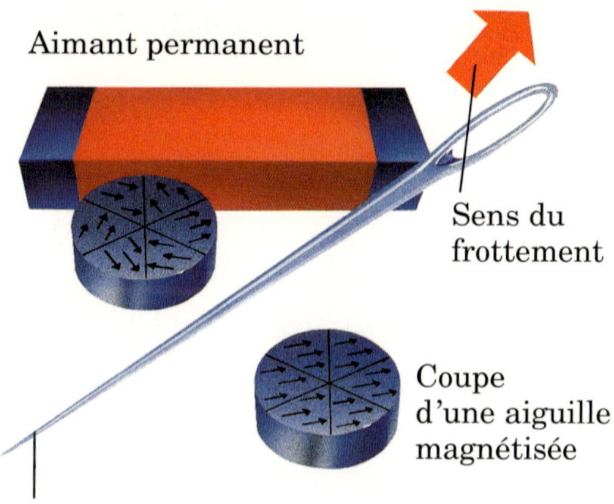

Idées astucieuses

☞ Trouve une manière d'indiquer clairement les quatre points cardinaux. Dessine une rose des vents.

☞ Réalise une autre boussole en plaçant une aiguille magnétisée sur l'arête d'un carton plié placé au sommet d'un bâton. Fixe le bâton verticalement avec de la pâte à modeler à l'intérieur d'un récipient.

☞ Place un trombone sous un couvercle fait d'un métal magnétique et essaie de l'en retirer en utilisant un aimant. Ce ne sera pas facile.

☞ Utilise une barre aimantée pour montrer que l'aiguille d'une boussole est attirée par le nord. Suspends l'aimant pour qu'il puisse pivoter et assure-toi qu'il n'y en a pas d'autre dans les environs. L'aimant va pivoter jusqu'à ce qu'il soit aligné nord-sud. Le pôle nord de l'aimant (celui qui est attiré par le pôle nord de la Terre) sera face au nord.

☞ Essaie de faire flotter une barre aimantée sur du bois ou du bouchon dans un bol d'eau. Dessine une rose des vents à huit pointes. Quelle est la mesure de l'angle séparant les pointes?

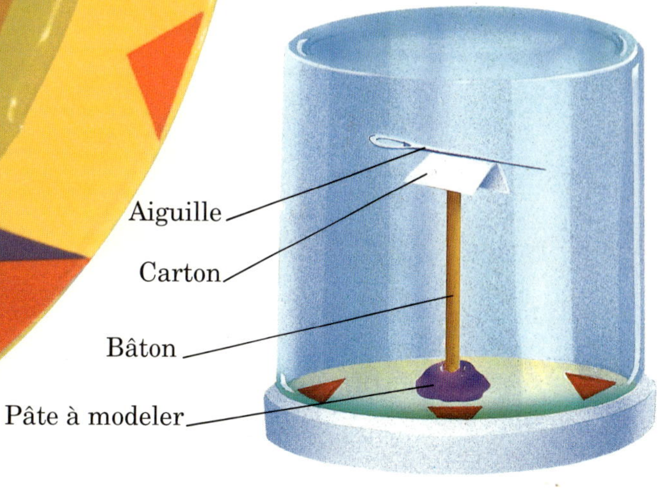

Les électroaimants

La découverte des électroaimants au début du 19e siècle a ouvert la voie à l'étude des relations entre l'électricité et le magnétisme. En 1820, un physicien danois, Hans Christian Oersted a découvert qu'un fil parcouru par un courant électrique génère un champ magnétique qui l'entoure. Nous savons maintenant que lorsqu'un courant électrique parcourt un fil enroulé autour d'un cœur de fer doux, on obtient un puissant aimant appelé électroaimant. Les électroaimants ont de nombreuses applications parmi lesquelles les sonnettes, les téléphones et les alarmes antivol. Les plus puissants sont ceux utilisés chez les démolisseurs pour soulever de lourdes pièces de métal.

Une grue électromagnétique

1 Utilise 2 boîtes en carton pour faire ta grue. Fabrique le bras avec du carton et fais un point d'appui avec un crayon et une bobine de fil. Enroule 50 fois un fil isolé autour d'un clou.

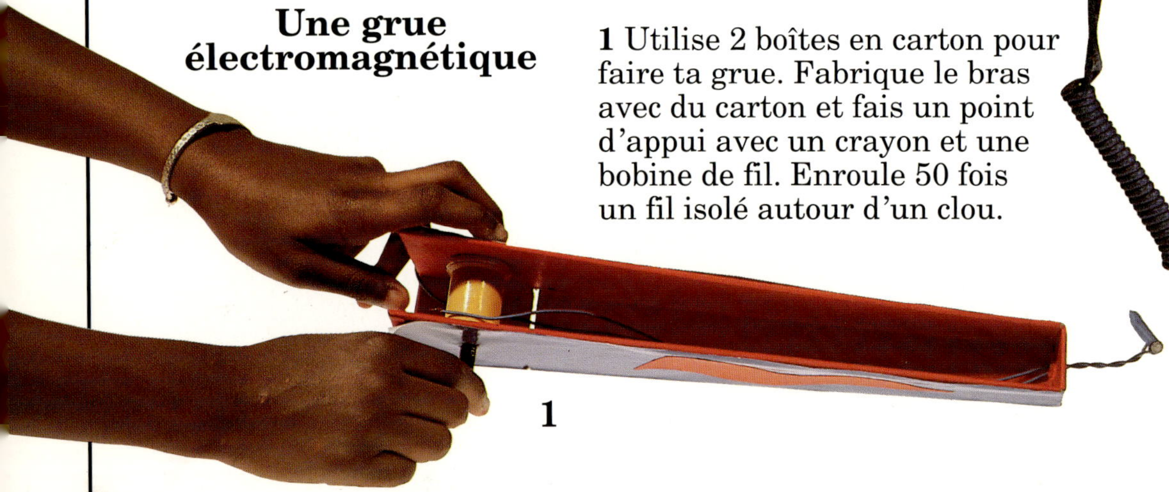

1

2 Une extrémité du fil doit être connectée à la pile dans la base, et l'autre à une punaise plantée dans le côté de la grue. Attache un trombone à cette punaise pour faire un interrupteur (comme sur l'illustration), et plante une autre punaise à portée du trombone.

3 À cette deuxième punaise, attache un fil rouge que tu connecteras à l'autre borne de la pile. Lorsque le trombone met les deux punaises en contact, le courant s'écoule dans le fil et magnétise le clou.

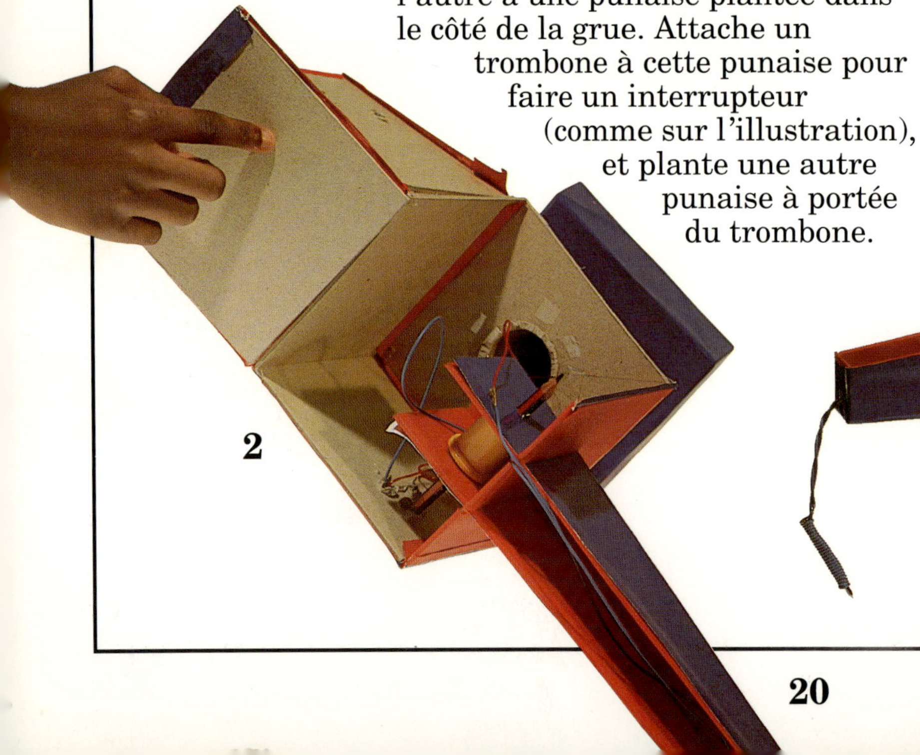

2

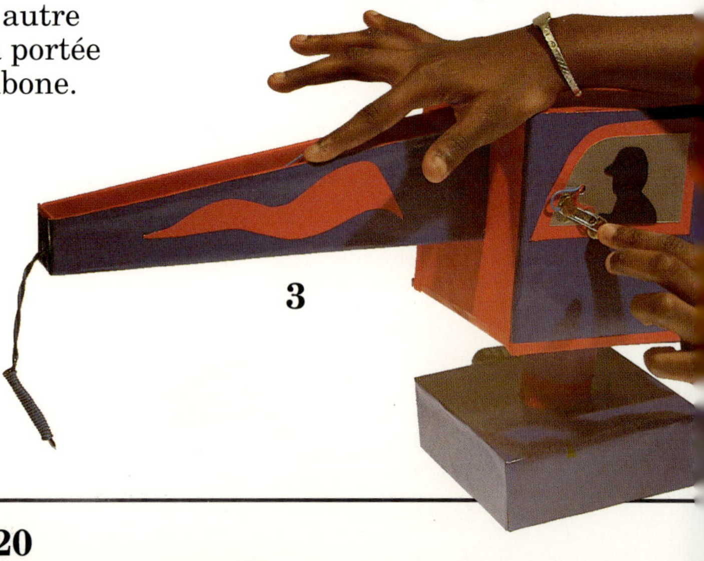

3

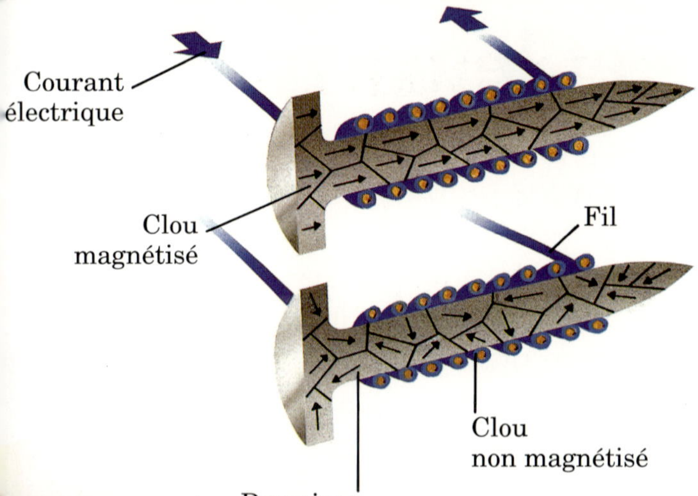

Comment ça fonctionne

Un électroaimant est constitué d'un fil enroulé autour d'un cœur de fer. Lorsque le courant parcourt le fil, il crée un puissant champ magnétique. La puissance du champ dépend de la «poussée» du courant : le voltage. La puissance d'un électroaimant peut être augmentée en multipliant le nombre de tours de fil, en augmentant le voltage du courant dans le circuit ou en rapprochant les pôles de l'aimant. Si l'on utilise de l'acier et non du fer, le métal restera magnétisé de manière permanente. Le fer devient un aimant temporaire, ce qui veut dire que le champ magnétique disparaît quand on coupe le courant.

Idées astucieuses

☞ Enroule environ 60 tours de fil autour d'un clou en acier. Connecte les extrémités à la pile et branche le courant. Tu as fait un aimant. Augmente le nombre de tours de fil, ajoute une pile dans le circuit et observe les changements.

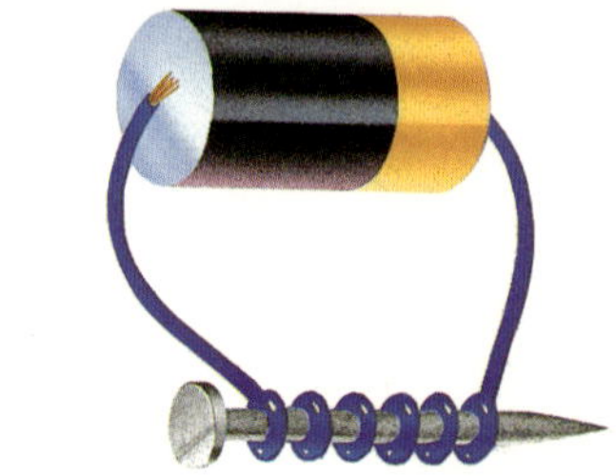

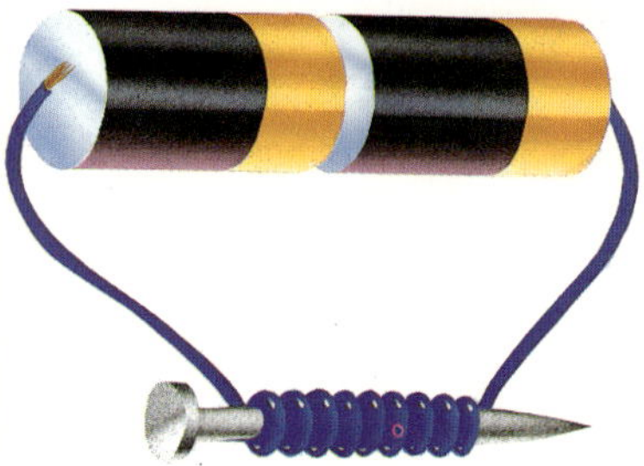

L'électricité et le magnétisme

Au 18e siècle, de nombreuses personnes croyaient que le magnétisme pouvait guérir les malades. Franz Mesmer pratiquait sa médecine en communiquant un «magnétisme animal» à ses patients : il fixait leur visage. Le savant américain Joseph Henry a découvert une manière plus pratique d'utiliser le magnétisme en mettant au point un électroaimant encore plus puissant. On découvrit également que l'énergie électrique pouvait être transformée en énergie mécanique en utilisant une bobine de fil cylindrique appelée solénoïde. C'est ce principe qui a été employé ensuite par Michael Faraday (illustration de droite) pour construire son moteur électrique.

Cache-cache

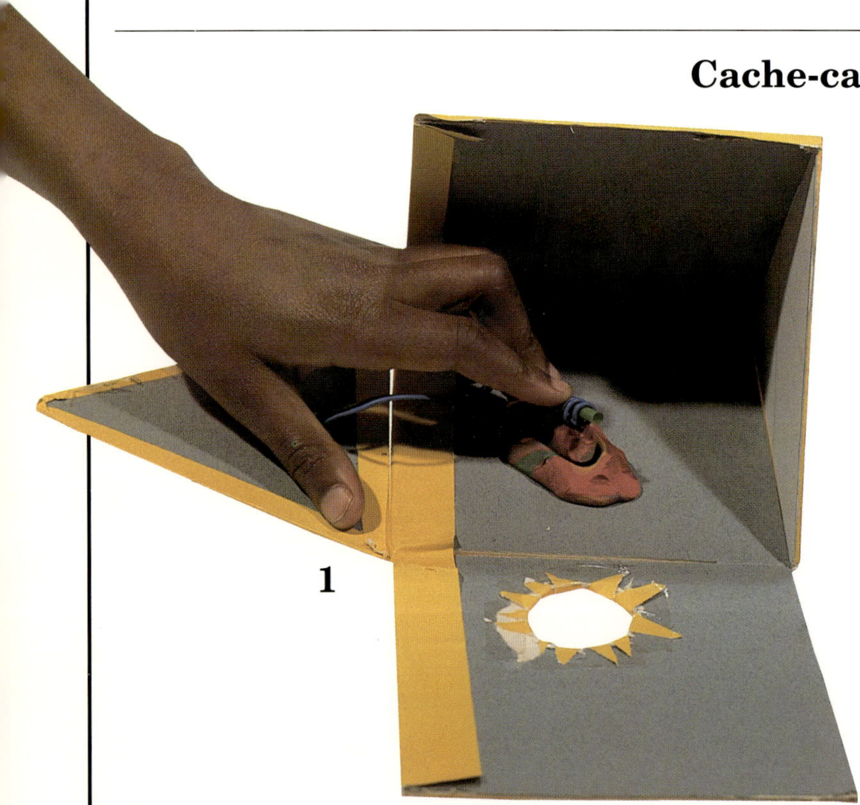

1

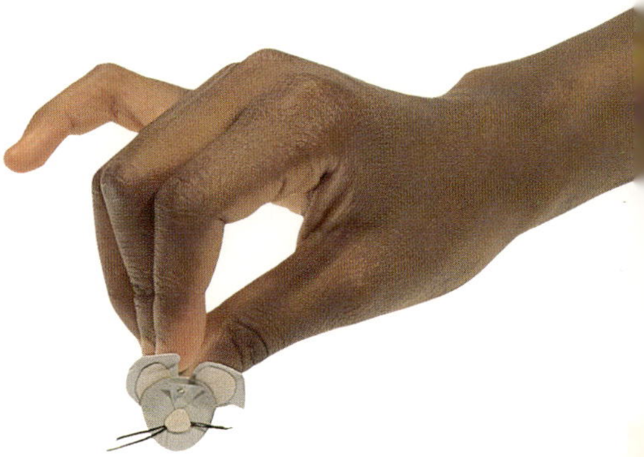

2 Fais au moins 20 tours de fil autour d'une paille et fais passer le fil par la porte triangulaire. Fixe la paille sur de la pâte à modeler et pratique un trou dans la paroi d'en face.

1 Construis un morceau de fromage avec quatre carrés et deux triangles de carton. Colore-les en jaune et assemble-les de manière à ce que l'on puisse accéder à l'intérieur.

2

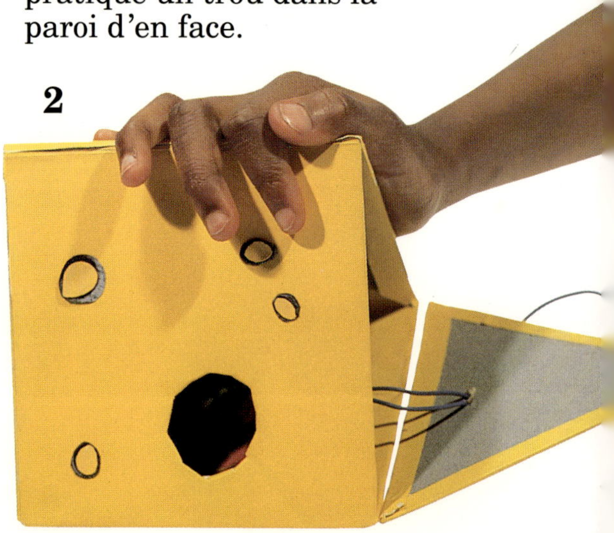

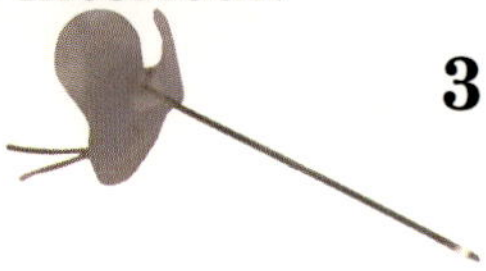

3

3 Attache une tête de souris en carton sur une aiguille. Assure-toi que la tête de la souris passe dans le trou en face de la paille.

Comment ça fonctionne

Le courant électrique est constitué par de minuscules particules invisibles appelées électrons. Quand un courant électrique passe dans un fil, il crée un champ magnétique. Si tu enroules le fil de nombreuses fois autour de la paille, le champ devient très puissant. Ce solénoïde agit comme un électroaimant et attire l'aiguille à l'intérieur de la paille quand tu branches le courant.

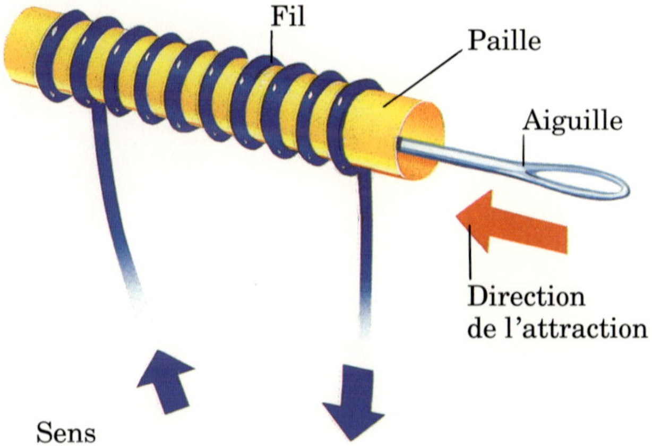

Idées astucieuses

☞ Rends le solénoïde plus puissant en faisant plus de tours autour de la paille. Que se passe-t-il quand le courant est coupé? La souris peut-elle encore sortir la tête du fromage?

☞ Enlève l'aiguille du solénoïde et vérifie si elle est magnétisée. Peut-elle soulever des trombones? Est-ce un aimant permanent ou temporaire?

☞ Reconstitue la première expérience d'Oersted qui montre que l'aiguille d'une boussole est déviée par le champ magnétique produit par un courant électrique. Magnétise une aiguille et place-la sur l'arête d'un morceau de carton en équilibre sur un bâton (voir p.19). Assure-toi qu'il n'y a pas d'aimant dans les environs et fais passer un fil dans lequel circule du courant au-dessus de ta boussole. Recommence l'expérience en enroulant du fil autour d'une vraie boussole.

4 Place l'aiguille dans la paille en laissant la tête de la souris passer à l'extérieur. Branche le courant. La souris va rentrer brusquement dans le fromage.

Les aimants et le mouvement

En 1821, Michael Faraday a développé le moteur électrique. Il a découvert que l'on peut créer un mouvement continu en faisant circuler un courant dans un conducteur placé dans un champ magnétique. Les appareils électriques comme les lave-linge et les aspirateurs ont des moteurs électriques.

Le TGV, l'un des trains français les plus puissants, est propulsé par des moteurs électriques. Un moteur électrique est constitué par une bobine tournant entre les pôles d'un aimant permanent. Lorsque le courant circule dans la bobine, le champ magnétique produit fait tourner le rotor. À l'inverse, ce mouvement peut être converti en électricité. C'est sur ce principe que fonctionne la dynamo qui alimente les phares des bicyclettes.

Fais tourner la boussole

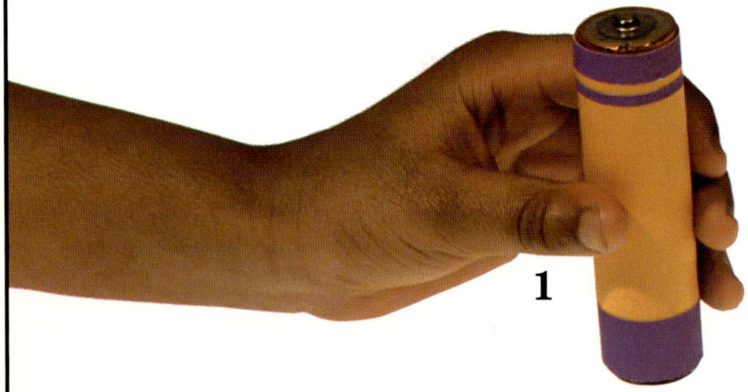

1

1 Mets deux piles en contact par leurs pôles opposés et maintiens-les en place avec du papier et de la bande adhésive.

2 Fais au moins 50 tours de fil autour d'un anneau en carton. (Cela peut être une section d'un tube de carton.) Laisse les deux extrémités libres pour pouvoir les connecter aux piles.

2

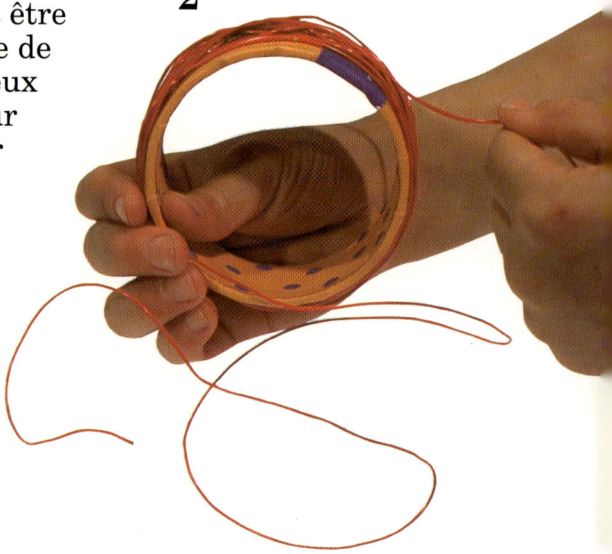

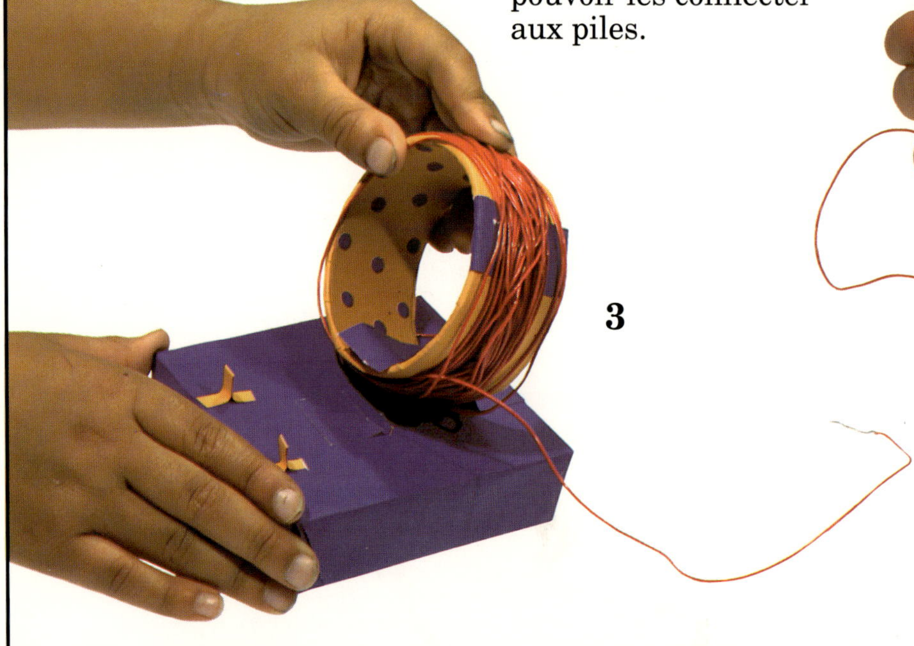

3

3 Fixe la bobine de fil sur la base avec de la bande adhésive. Tu as réalisé un solénoïde. Fixe également les piles.

Comment ça fonctionne

Le champ magnétique créé par le passage du courant dans le solénoïde est suffisamment puissant pour faire bouger l'aiguille de la boussole. Quand le courant est branché et débranché rapidement, l'aiguille tourne sans s'arrêter. Le fil est en cuivre. Il n'est pas magnétique et n'affecte pas la boussole. Quand le courant est branché, chaque boucle de fil génère son propre champ magnétique. C'est ce que l'on appelle un solénoïde. Un moteur électrique simple est constitué par une bobine de fil fixée sur un axe de manière à pouvoir tourner si on le place dans un champ magnétique. On fait ensuite passer un courant à travers la bobine. Un moteur électrique est propre et silencieux.

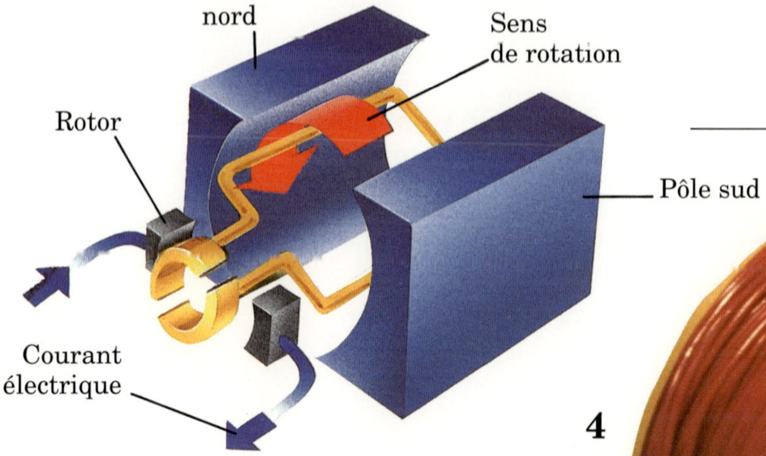

Idées astucieuses

☞ Trouve un moteur électrique dans les voitures miniatures, les sèche-cheveux et les foreuses électriques. Tu peux peut-être démonter un jouet et jeter un coup d'œil.

☞ Démontre le principe inverse : un aimant peut créer un courant électrique. Tu auras besoin d'une boussole placée dans une boîte. Enroule au moins 20 fois un fil autour de la boîte et fais une bobine d'au moins 50 tours à l'autre extrémité du fil. Passe lentement une barre aimantée dans la bobine et observe la boussole.

Moteur électrique

4

4 Place une boussole dans la bobine. Connecte les fils aux piles et observe l'effet sur la boussole. Branche et débranche sans cesse le fil. Qu'arrive-t-il à l'aiguille de la boussole ?

Comment utiliser le magnétisme

Les aimants utilisés par les scientifiques sont de taille et de puissance variables. Les électroaimants font maintenant partie de nombreux équipements. Nombreux sont les appareils qui travaillent pour nous grâce au magnétisme. Cela va de l'ouvre-boîte qui retient le couvercle, à la machine qui permet de briser les atomes : l'accélérateur de particules. Dans nos maisons, de petits aimants permettent de garder la porte du frigo bien fermée. Dans les usines, des bandes transporteuses magnétiques transportent des boîtes en fer et en acier. À l'intérieur de certains instruments de précision, on trouve des parties mobiles très légères suspendues par des aimants. Nous utilisons tous des appareils comme le distributeur de tickets représenté ici. Ils peuvent trier les pièces selon leurs différentes valeurs.

Une machine à sous magnétique

1

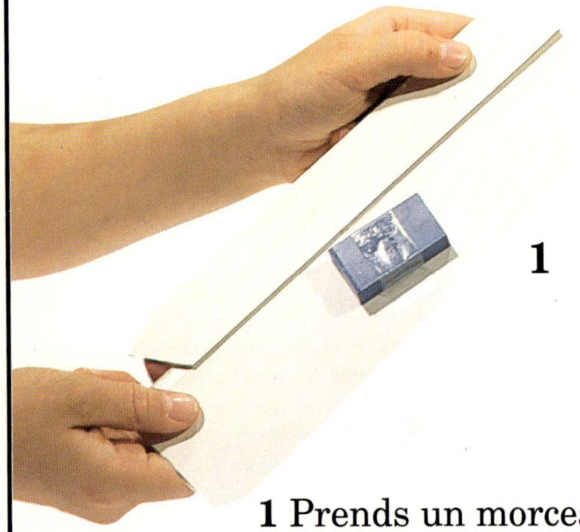

1 Prends un morceau de carton rigide et fixe un aimant puissant par-dessous le côté droit du carton avec de la bande adhésive.

2 Place ensuite le carton en oblique à l'intérieur d'une boîte en carton que tu auras aménagée de manière à pouvoir accéder à l'intérieur.

2

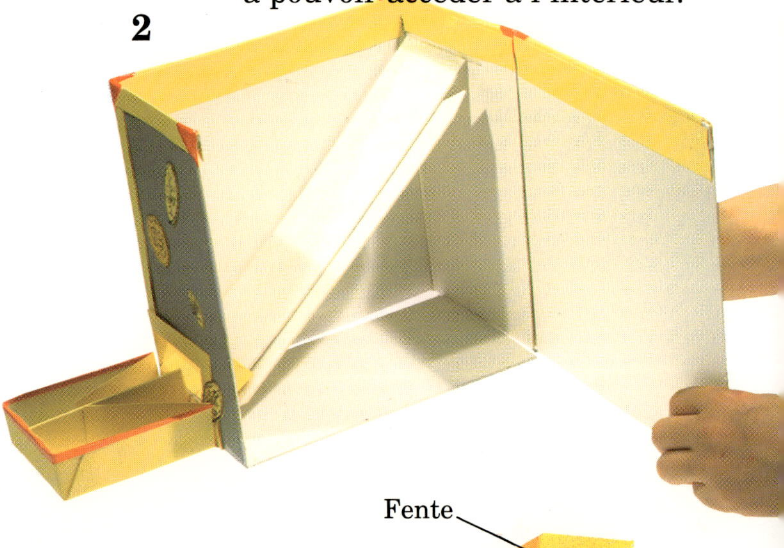

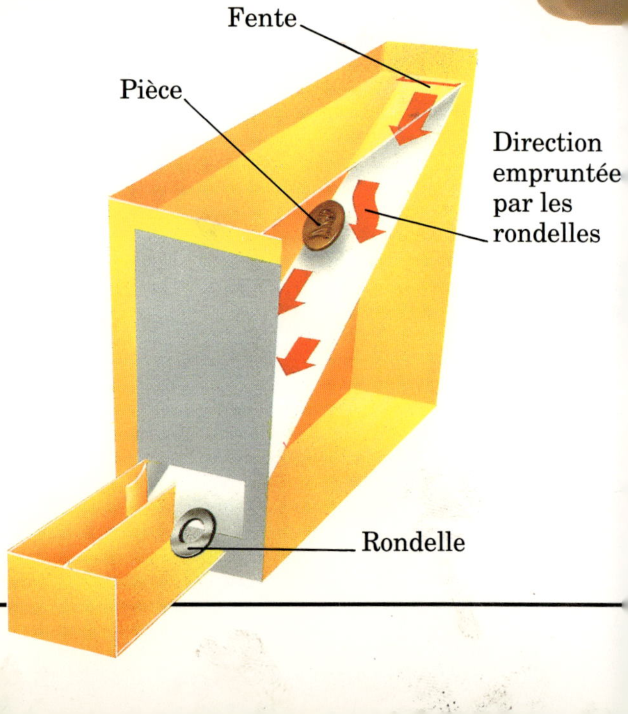

Comment ça fonctionne

Quand tu laisses tomber les pièces et les rondelles dans la fente, elles glissent le long de la pente et passent au-dessus de l'aimant. Les rondelles magnétiques sont déviées par l'aimant et tombent dans le compartiment de droite, tandis que les pièces (non magnétiques) descendent tout droit dans le compartiment de gauche. Une vraie machine à sous teste les pièces avec un courant électrique ; elle les trie en fonction de la quantité de courant qu'elles conduisent.

Idées astucieuses

☞ Cela fait-il une différence si tu pousses les «pièces» dans la fente avec plus de force? Examine les résultats.

☞ Avec de petits aimants ronds, tu peux faire des autocollants magnétiques. Découpe des lettres ou des formes et mets-les en couleur. Utilise-les pour faire un jeu de société.

☞ Dessine une carte du temps sur un matériau magnétique et places-y des symboles météorologiques montés sur aimants.

3 Découpe une ouverture de la même dimension que le plan incliné dans le bas de la boîte et fixes-y un plateau en carton divisé en deux comme sur l'illustration. Ferme la boîte avec un couvercle dans lequel tu as fait une fente du côté du sommet du plan incliné. Fais-la suffisamment grande pour y faire passer les pièces.

3

4 Termine ta machine en la décorant. Rassemble des pièces et des rondelles différentes et fais-les passer dans la machine.

Les aimants flottants

Tu sais déjà que les pôles semblables se repoussent et que les pôles différents s'attirent. Ce principe a été adapté et utilisé dans l'industrie et le monde du transport. Dans les usines et d'autres lieux où l'on doit soulever des feuilles d'acier, on place des flotteurs magnétiques, de grands aimants permanents, de chaque côté des feuilles. Ils magnétisent les feuilles et provoquent l'apparition de pôles magnétiques dans les parties adjacentes des feuilles et, comme les pôles semblables se repoussent, la feuille supérieure se soulève au-dessus du paquet. Les électroaimants peuvent créer un champ magnétique qui se déplace. Le Maglev (le train de la photo) fonctionne grâce à ce principe. Ce train lévite le long du rail grâce à deux champs magnétiques qui se repoussent.

La lévitation

1

3

2 Le magicien est fixé à un cadre de la même taille que le fond de la boîte. Place le magicien dans la boîte derrière l'aimant, de manière à ce qu'il soit en contact avec celui-ci.

1 Tu auras besoin d'une boîte en carton suffisamment large pour contenir une barre aimantée, de deux puissantes barres aimantées, de carton et de bande adhésive. Découpe un des côtés de la boîte et replie un des côtés restants pour libérer l'accès à la «scène». Fixe deux bandes de carton suffisamment larges pour maintenir une barre aimantée au plancher. Place l'aimant de façon à ce que son pôle nord se situe à gauche de la scène quand tu lui fais face.

2

3 Recouvre les côtés avec du tissu pour qu'ils ressemblent à des rideaux. Fixe la figurine de l'«assistante» sur le second aimant en t'assurant que sa tête se trouve du côté du pôle nord.

Comment ça fonctionne

Les aimants peuvent attirer mais aussi repousser. C'est aux pôles que le champ magnétique est le plus puissant, et les pôles semblables se repoussent. Comme les deux extrémités des aimants se repoussent, l'aimant du dessus peut flotter au-dessus de l'autre.

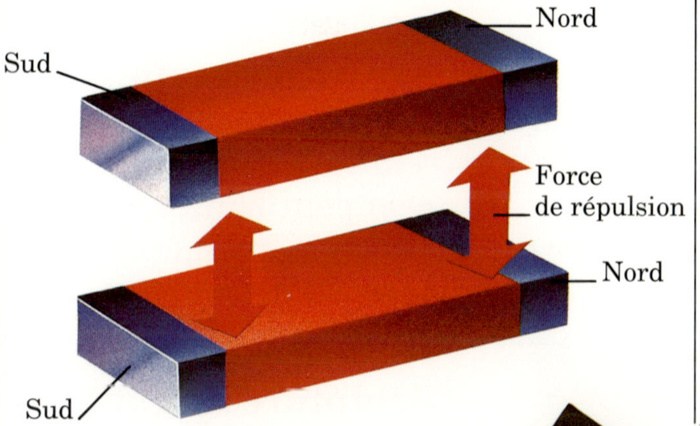

Idées astucieuses

☞ Place du balsa entre deux aimants superposés dont les pôles semblables se font face. Attache-les ensemble par leurs extrémités et enlève le bois. Appuie sur l'aimant du dessus. Tu sentiras la répulsion agir. C'est comme cela que le Maglev fonctionne.

☞ Procure-toi de petits anneaux aimantés et enfile-les le long d'un crayon. Place-les de manière à ce qu'ils se repoussent les uns les autres et semblent flotter.

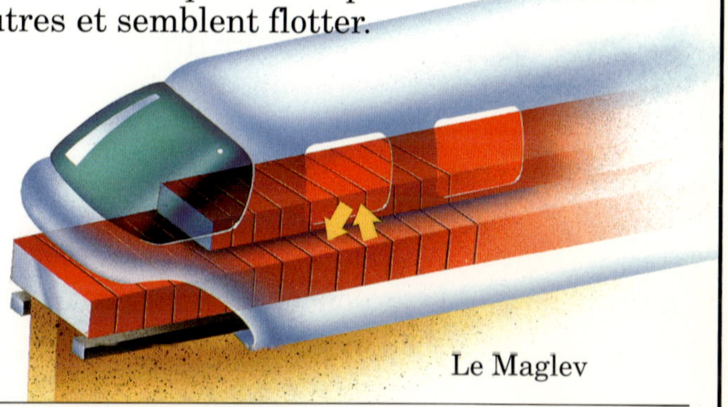

Le Maglev

4

4 Place un petit crayon ou un morceau de bois en travers de l'aimant placé sur la scène. Place doucement l'« assistante » par-dessus, parallèlement à l'autre aimant. Sa tête doit se trouver à gauche. Il sera peut-être nécessaire d'attacher les extrémités des deux aimants avec de la bande adhésive. Retire précautionneusement le crayon et regarde la dame « léviter ».

Amuse-toi

Combien crois-tu pouvoir trouver d'aimants chez toi et à l'école? Tu as peut-être des aimants décoratifs ou un pense-bête magnétique. Un de tes amis a peut-être un sac à fermeture magnétique, ou peut-être as-tu un jeu d'échecs ou de dames de voyage magnétique. Si tu le désires, les aimants peuvent être très amusants. Mais il faut que tu t'en occupes! Tous les aimants s'affaiblissent avec le temps et doivent être stockés précautionneusement par deux et avec leurs pôles opposés en contact. Il faut placer un morceau de fer doux en travers de chaque extrémité des aimants. Fais attention de ne pas laisser tomber tes aimants car cela peut leur faire perdre leur pouvoir magnétique. Tu peux acheter des sculptures magnétiques dans les magasins, mais tu peux aussi faire les tiennes avec des trombones.

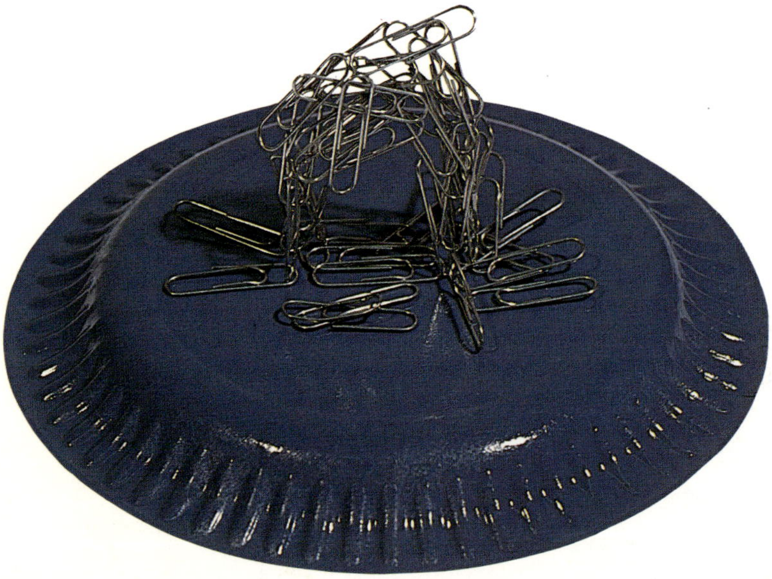

Sculpture magnétique

Place une barre aimantée sous une assiette en carton retournée. Rassemble quelques trombones et disperse-les sur le dessus de l'assiette. Le champ magnétique de l'aimant traverse l'assiette et magnétise les trombones. Tu peux maintenant réaliser une sculpture et faire toutes sortes de formes différentes. Jusqu'où peux-tu monter? Que se passe-t-il quand tu enlèves l'aimant?

Le moustachu

Dessine une tête de bonhomme sur une assiette en carton et mets-la en couleur. Mets de la limaille de fer sur l'assiette. Soulève-la d'une main en la maintenant bien horizontale et place un aimant par-dessous avec l'autre main. En déplaçant l'aimant en dessous de l'assiette, tu peux faire pousser les cheveux et la moustache. Tu peux même obtenir un monstre à faire dresser les cheveux sur la tête! Pour faire un autre dessin, enlève l'aimant et secoue l'assiette.

Petite abeille

Pour suspendre ton abeille, assemble deux bâtons avec de la bande adhésive comme sur l'illustration. Perce un trou dans une soucoupe retournée afin d'y insérer le plus long des bâtons.

Coupe une balle de ping-pong en deux, peins-y les rayures de l'abeille et ajoutes-y des ailes, des yeux et des antennes.

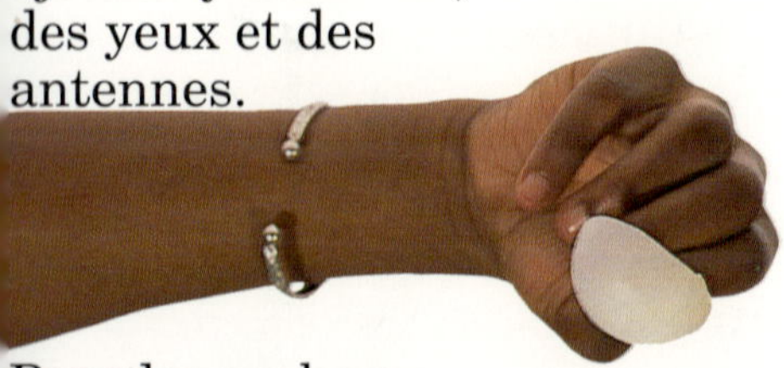

Prends une barre aimantée et recouvre-la de papier brun. Place-la verticalement au centre de la soucoupe en la fixant avec de la pâte à modeler. Ce sera la tige de ta fleur.

Suspends l'abeille à la potence avec du fil à coudre et fixe un aimant rond à l'intérieur de son corps avec de la pâte à modeler.

Découpe des pétales dans du papier coloré et réalise une grande fleur comme sur l'illustration.

Attache ton abeille à la potence de manière à ce qu'elle soit suspendue juste au-dessus de la fleur. Regarde l'abeille voler autour de la fleur. Une fois qu'elle sera en mouvement, elle continuera à voler car elle est sans cesse attirée puis repoussée par l'aimant de la tige. Son vol suit-il un schéma précis? Que se passe-t-il si tu retournes l'aimant de la tige? Le schéma change-t-il?

Glossaire

bouclier magnétique
matériau magnétique placé à l'intérieur d'un champ magnétique pour faire écran aux effets d'un autre aimant
champ magnétique
zone autour d'un aimant ou d'un courant électrique dans laquelle les matériaux magnétiques sont attirés ou repoussés
électromagnétisme
relation entre l'électricité et le magnétisme. L'un peut être utilisé pour produire l'autre.
gyrocompas
boussole qui indique le vrai nord car elle n'est pas basée sur le magnétisme
induction magnétique
effet permettant de transformer un matériau magnétique en aimant temporaire en le plaçant à l'intérieur du champ magnétique d'un aimant permanent
magnétiser
faire un aimant en frottant ou touchant un matériau magnétique avec un aimant permanent
magnétisme
force invisible qui attire ou repousse les matériaux magnétiques
magnétite
oxyde naturel de fer doué de magnétisme
magnétomètre
instrument permettant de mesurer la direction ou l'intensité d'un champ magnétique
moteur électrique
machine qui utilise un aimant pour transformer l'électricité en mouvement
point neutre
point où deux champs magnétiques opposés s'annulent
pôle nord magnétique
point de la surface terrestre où se concentre le magnétisme. Le pôle nord magnétique se situe à environ 1 600 km du pôle nord géographique.
solénoïde
bobine de fil cylindrique qui agit comme un aimant lorsqu'elle est parcourue par un courant

Index

PRINTED IN BELGIUM BY proost INTERNATIONAL BOOK PRODUCTION